Pia Pedevilla

Rund ums Osterei

frechverlag

Ich danke für die Unterstützung zur Realisierung dieses Büchleins:

- meiner Mutter
- den Frauen, die mir verschiedene Eierarten besorgt haben
- Traudi und Veronika
- Gisela
- Onkel Giovanni
- den Kindern, die mit mir voller Begeisterung Eier bemalt haben
- Rosina
- Alfred
- Gabriel
- Georg

Fotos: frechverlag GmbH + Co. Druck KG, 70499 Stuttgart; Fotostudio Ullrich & Co., Renningen; Fotos Seite 42, 43, 46, 48: Antonio De Vito, Florenz

Texte: Traudi Prenn und Veronika Fink

Auflage:	5.	4.	3.	2.	1.	Letzte Zahlen
Jahr:	2000	1999	98	97	96	maßgebend

ISBN 3-7724-2035-4 · Best.-Nr. 2035

frechverlag GmbH + Co. Druck KG, 70499 Stuttgart

Druck: frechverlag GmbH + Co. Druck KG, 70499 Stuttgart

Schon seit meiner Kindheit habe ich in der Osterzeit gerne Eier bemalt. Weil sich meine Mutter über die kleinen Überraschungen immer sehr freute, habe ich mit dem Bemalen der Eier nie mehr aufgehört und den Osterbaum jedes Jahr mit neuen Ideen und Kollektionen bereichert. Waren es zunächst herkömmliche, traditionelle Motive, so sind später immer mehr Eindrücke und Ideen hinzugekommen, zu denen mich meine zahlreichen Reisen inspiriert haben. Dabei sind leichtere und schwierigere Motive für jede Technik entstanden, die ich Ihnen in diesem Büchlein so erklären möchte, daß jeder — auch Kinder – nach seinen Kenntnissen und Fähigkeiten damit arbeiten kann.

Alle Motive, die auf den Eiern vorkommen, können Sie auf den Vorlagenbogen finden. Sie sollen Ihnen als weiterführende, kreative Anregungen dienen, die Sie beliebig variieren können. Auch kann jedes einzelne Muster in verschiedenen Techniken verwendet werden.

Es macht mir viel Spaß, immer neue Elemente zu entwerfen und sie mit verschiedenen Maltechniken auszuführen, was auch meinem Beruf als Designerin sehr nahe kommt. Deshalb arbeite ich an der Vielfalt der Verwendung von Maltechniken und Motiven; die plastische Körperform des Eis regt mich an.

Viel Freude!

Ihre Pia Pedevilla

Nützliche Ratschläge

In diesem Buch habe ich die Maltechniken und ihre Effekte an verschiedenen Arten von Eiern ausprobiert: Hühnereier, Gänseeier, Enteneier, Wachteleier, Holzeier, Glaseier, Plastikeier,...
Bei manchen Techniken, vor allem aber, wenn man mit Kindern bastelt, lohnt es sich, mit Plastikeiern zu arbeiten. Sie sollten dabei aber beachten, daß manche Plastikeier die Farbe nicht gerne annehmen; deshalb müssen Sie sie mit wasserlöslicher weißer Grundierung oder weißer Plakatfarbe grundieren.
In erster Linie verwende ich echte, ausgeblasene Eier, denn sie besitzen edlere und schönere ovale Formen als Kunsteier. Für anspruchsvolle Dekorationen nehme ich gerne Gänseeier.

Reinigung der Eier

Bevor ich ein Ei ausblase, öffne ich an jedem Pol mit einer Nadel ein kleines rundes Loch, das ich dann sehr vorsichtig mit einem Kreuzschlitzschraubenzieher (Durchmesser von 2–3 mm) vergrößere. Nun wird eine dünne Stricknadel durchgesteckt, um das Ei zu zerrühren und den Dotter zu zerstören. Jetzt kann man das Ei vorsichtig ausblasen oder mit einer Ohrenspritze entleeren.
Anschließend spüle ich das Ei gründlich mit Wasser aus und säubere die Schale mit warmem Wasser und Essig. Das Ei muß beim Bemalen innen und außen gut getrocknet sein.

Wie hält man ein Ei beim Bemalen?

Eier bemalen kann man auf verschiedene Art und Weise, wichtig ist, daß sie dabei nicht wegrollen können, damit die Farben nicht verschmieren. Deshalb sollten Sie einen meiner Ratschläge befolgen:

- Die Eier auf Holzstäbchen befestigen (siehe Seite 5, Abbildung 1).
- Die Eier auf einen Eierkarton legen.
- Das Ei in einen Eierbecher stellen und zuerst die obere, dann die untere Hälfte bemalen.
- Einen Eierschraubstock verwenden (erhältlich im Fachgeschäft).
- Wenn Sie das Ei in der Hand halten, sollten Sie es durch ein Papiertaschentuch vor Schweiß, Nässe oder Farben schützen.

Ei auf Holzstäbchen befestigen

(Abbildung 1)

Das ausgeblasene Ei kann befestigt werden, damit es beim Bemalen nicht in der Hand gehalten werden muß und nicht verrutscht. Dazu muß es an der unteren und oberen Spitze mit ein wenig Knetmasse um den Stab oder mit Wattekügelchen blockiert werden, die man nach der Bemalung entfernt.
Soll das Ei später auf dem Holzstab bleiben (vgl. Seite 41), dann schneidet man aus einem weißen Papier-Abdeckstreifen einen kleinen Kreis aus, schneidet ihn einmal bis zur Mitte hin auf und klebt ihn eng um das Loch und den Holzstab herum. Dies muß auch für die zweite Öffnung wiederholt werden, damit sich das Ei nicht mehr bewegt (siehe das Ei in der Hand, Abb. 1).
Zur Befestigung der Plastikeier auf dem Holzstäbchen siehe auch Seite 42, Abbildung 2.

Übertragung der Motive
(Abbildungen 2, 3, 4)

Um **zarte, feine Motive** vom Vorlagenbogen auf das Ei zu übertragen, braucht man dünnes weißes Seidenpapier. Man legt es auf das gewählte Motiv, und zeichnet dieses dann mit einem weichen und gut gespitzten Bleistift nach.
Das Seidenpapier wird dann möglichst faltenlos mit der Abbildung nach unten auf das Ei gelegt und so festgemacht, daß es nicht verrutscht. Dann mit einem weichen und gut gespitzten Bleistift flächendeckend kreuz und quer über das durchscheinende Motiv schraffieren. Dabei ziemlich drücken, aber das Papier nicht zerstören. Sobald das Papier entfernt ist, sind die Konturen des Motivs auf dem Ei leicht sichtbar; eventuell muß man sie mit einem Bleistift ganz schwach nachziehen. Nicht radieren!

Für **einfache Motive** eignet sich eine andere Art der Übertragung. Man nimmt ziemlich festes Transparentpapier und zeichnet das gewählte Motiv nach. Dann schneidet man es entlang der äußersten Konturlinie sauber aus, legt es auf das Ei und hält es mit einem Finger fest. So kann man das Motiv mit einem leichten Bleistiftstrich vollständig auf dem Ei nachziehen. Um die noch fehlenden inneren Linien zu erhalten, schneidet man – von außen nach innen gehend – immer mehr von der Figur weg und kann so auch die inneren Elemente des Motivs übertragen.
Die runden Kreise in verschiedener Größe können Sie mit einer Kreisschablone (im Fachgeschäft erhältlich) auf das Ei zeichnen. Man kann die Schablone auch selber anfertigen, siehe Seite 19.

1

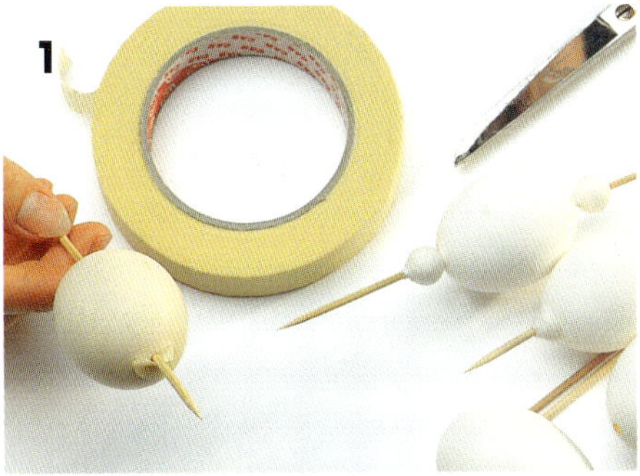

2

3

4

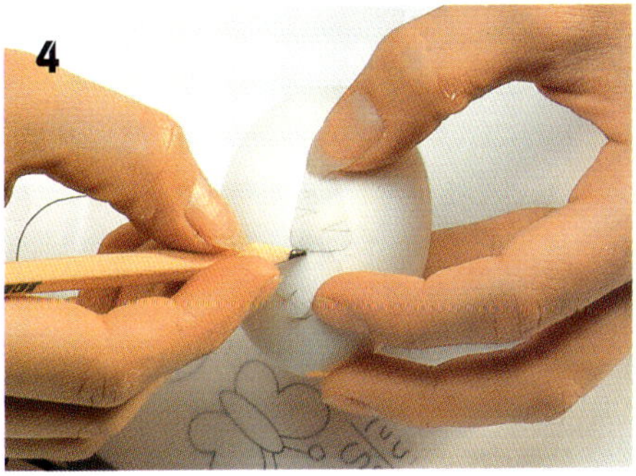

Eier mit japanischen Motiven

Diese Motive sind sehr fein und zart, und die Eier wirken äußerst dekorativ. Die Technik scheint viel Arbeit zu erfordern, aber das Gegenteil ist der Fall! Wer etwas zeichnerisches Geschick besitzt, kann hier freihändig arbeiten, die Motive können aber auch mit Bleistift vorgezeichnet werden.
Gearbeitet wird mit Tusche und Feder. Einige Flächen können zum Schluß mit Farbstiften fein ausgemalt und schattiert werden.
Für Kinder ist diese Technik nicht so gut geeignet.

Material:

- saubere, weiße echte Eier
- Bleistift und Radiergummi
- Tusche in Preußischblau
- Federhalter
- Tuschfedern in verschiedenen Stärken
- Farbstifte: Blau-, Lila- und Rosatöne
- Blaue Plakatfarbe
- verschiedene Pinsel
- Sprühlack, matt oder glänzend

Arbeitsanleitung:

Je glatter die Schale eines Eis, desto einfacher ist die Arbeit. Gänseeier sind etwas schwieriger zu bearbeiten, weil sie mehr Farbe absorbieren. Für die schwierigen Motive verwendet man am besten die Übertragungstechnik (siehe Seite 5). Die Bleistiftlinie wird mit einer feinen Tuschfeder nachgezeichnet, stärkere Federn benutzt man zum Ausmalen von kleineren Flächen. Bevor größere Flächen, am besten mit einem kleinen Pinsel, ausgemalt werden, muß die Bleistiftlinie durch Ausradieren gelöscht werden. Damit die Tusche dabei nicht verwischt, muß sie vorher gut trocknen. Etwas Zeit kann man sparen, wenn man einen Fön benutzt.
Auf großen Flächen, z.B. beim gesamten Hintergrund, wird Tusche leicht fleckig. Besser eignet sich dabei eine farblich abgestimmte Tempera- oder Wasserfarbenmischung.
Erst zum Schluß werden bestimmte Flächen mit den Farbstiften zusätzlich betont, indem man durch stärkeren oder leichteren Druck die Farbe schattiert. Das fertige Ei sollte gleich anschließend lackiert werden, damit nichts mehr verwischt.

Man kann diese Motive auch mit anderen Farbtönen arbeiten, z.B. mit schwarzer Tusche und gelben Buntstiften (siehe Arbeitsfoto).

Geschenkkartons aus Wellpappe

Ganz einfach, aber sehr wirkungsvoll: Präsentieren Sie Ihre Kunstwerke in passend gestalteten Geschenkkartons!
Auf dem Vorlagenbogen findet sich der Grundriß für den hohen und den niedrigen Karton maßgetreu. Für den Deckel des flachen Kartons muß der Grundriß durch Fotokopieren um 5–7 mm vergrößert werden; bei den hohen Kartons ist der Deckel schon am Grundriß angefügt.
Der Grundriß wird ausgeschnitten und gut auf die glatte Seite der Wellpappe geklebt; entlang der durchgehenden Linien ausschneiden, die gestrichelten Linien leicht einritzen, so daß man die Pappe biegen kann. Die entstandenen Klappen werden nun ordentlich und sauber zusammengeklebt.

の夏心結

Eier in Rot-Weiß-Schwarz

Hierfür habe ich weiße Hühnereier verwendet; ihre Vorbereitung wird auf Seite 4 beschrieben.
Beim Bemalen habe ich zwei verschiedene Techniken entwickelt. Die erste ist besonders für Kinder gut geeignet, da die Farben nicht verschmieren, die Eier auch nicht lackiert werden müssen und sogar Plastikeier sich so sehr gut bemalen lassen.
Die zweite Technik erfordert etwas mehr Geduld und Präzision, ist für Motive, die kleinflächig und zart sind, geeignet und läßt sich nur auf echten Eiern anwenden.

Material:

Technik 1

- Hühner- oder Plastikeier
- Bleistift und Radiergummi
- roter und schwarzer Filzstift, wasserfest (permanent), in verschiedenen Stärken

Technik 2

- Hühnereier
- Bleistift und Radiergummi
- sehr feiner roter und schwarzer Filzstift; noch besser feiner Rapidograph mit roter und schwarzer Tinte
- verschiedene Pinsel
- Plakat- oder Temperafarben: Rot, Schwarz, Weiß
- Sprühlack

Arbeitsanleitung:

Wie die abgebildeten Motive von der Vorlage übertragen werden, wird auf Seite 4 beschrieben.

Technik 1

Dieses Dekorationsverfahren ist sehr einfach. Alle so bemalten Eier sind im roten Teller auf der vorhergehenden Doppelseite abgebildet. Wird das Motiv zuerst mit Bleistift aufgezeichnet, sollte die Linie sehr fein sein. Mit dem feinen Filzstift werden die Linien nachgezogen. Sobald sie ganz trocken sind, werden die Bleistiftlinien ausradiert, dann die Flächen ausgemalt.

Achtung: Zuerst alle roten Flächen ausmalen, dann erst die schwarzen, da Rot die Farbe Schwarz verändern kann.

Die Eier müssen nicht mehr lackiert werden, da wasserfest-permanente Filzstifte verwendet werden.

Die einfachsten Motive sind Wellen, Kreise, Punkte, Zickzacklinien. Beginnen Sie mit diesen, bis Sie sich etwas sicherer fühlen.

Technik 2

Die in dieser Technik bemalten Eier liegen alle auf dem schwarzen Teller (Seite 12/13). Das Motiv kann mit Bleistift fein aufgezeichnet werden. Sobald die Umrahmungslinien gezogen und getrocknet sind, werden die Bleistiftlinien ausradiert. Die preisgünstigste Art, das Motiv zu umrahmen, ist ein roter und ein schwarzer Filzstift. Ich habe einen Rapidographen (Tuschefüller) Nr. 0,35 – rot und schwarz – genommen. Die feinsten Umrisse können damit am schönsten gezogen werden.

Eine dritte Möglichkeit ist es, rote und schwarze Tusche und eine Tuschfeder zu verwenden. Die Flächen werden dann mit etwas dickflüssiger Plakat- oder Temperafarbe ausgemalt – zuerst wieder die roten Flächen, dann die schwarzen, da Schwarz Rot überdeckt.

Einige Eier – mit Spirale und Blumenborte – sind mit freier Hand, ohne Bleistiftzeichnung, dekoriert worden. Andere – mit Schnecke und Schaf – wurden mit dickflüssiger Farbe völlig bemalt, und auf die getrocknete Fläche wurden mit dem Pinselstumpf Tupfen aufgetragen. Diese Eier müssen nach dem Trocknen noch lackiert werden.

Damit das Holz nicht zuviel Farbe einsaugt, habe ich es zuerst mit weißer deckender Wassergrundierung behandelt. Danach habe ich alle Teile mit Plakatfarben bemalt, zuerst die weißen, dann die roten und zum Schluß die schwarzen. Auf dem getrockneten Untergrund werden mit einem feinen Pinsel die Umrahmungslinien der Figuren gezogen. Man kann das gesamte Regal auch noch lackieren.

Eierregal

Abbildung Seite 11

Das Eierregal besteht aus fünf verschiedenen Teilen, die vom Vorlagenbogen ausgeschnitten, auf eine Sperrholzplatte gelegt, mit einem Bleistift umrandet und mit der Laubsäge ausgesägt werden.

Beachten Sie: Teil 1 und 2 sollten 1 cm dick sein, da diese beiden die tragenden Elemente sind, die übrigen Teile sind jeweils 0,5 cm dick.

In das Standbein werden drei Kerben eingeschnitten (siehe Vorlagenbogen – Seitenansicht), dann werden die einzelnen Teile miteinander verleimt. Die vier Küken zum Schluß auf der obersten Sprosse festkleben.

Tischdecken und Servietten

Abbildung Seite 12/13

Das vom Vorlagenbogen ausgeschnittene Motiv an eine Fensterscheibe kleben, den Stoff darüberlegen und mit einem Bleistift die Umrisse übertragen. Diese dann mit Stoffmalstiften für Textilien nachziehen und die einzelnen Flächen ausmalen.

Besonders gut geeignet sind die Stoffmalstifte TEX-PEN von Hobbidee.

Eier dekoriert mit Filzstiften

Diese Technik ist für Kinder und Erwachsene geeignet. Besonders Kinder malen sehr gerne mit bunten Filzstiften und können dabei ihre Phantasie entfalten. Deshalb habe ich diesmal hauptsächlich Plastikeier verwendet, weil die Kleinen sie nicht zerdrücken können; aber auch echte Eier eignen sich. (Zur Vorbereitung der Eier siehe Seite 4.) Die Eier können ganz zart, mit zierlichen und feinen Mustern, oder auch ganzflächig und mit kräftigen Farbmotiven bemalt werden.
Ich rate Ihnen, verschiedene Filzstifttypen – dicke und dünne – auf einem bereits präparierten Ei auszuprobieren. Es können nämlich, je nach Art des Filzstiftes, unregelmäßige Flecken entstehen. Ideal wäre eine gleichmäßige Einfärbung.

Material:

- kleine und große Plastikeier, echte weiße Eier
- wasserlösliche, dicke und dünne bunte Filzstifte oder bunte Filzstifte mit weicher Pinselspitze LE PLUME
- Holzstäbchen
- Bastelmesser (Cutter)
- eine weiße, deckende Wassergrundierung oder Plakatweiß
- Pinsel zum Auftragen der Grundierung
- matter oder glänzender Sprühlack

Arbeitsanleitung:

Es ist sehr wichtig, die Eier gut auf dem Holzstäbchen zu befestigen (siehe Seite 5); erst dann kann man sie mit weißer, wasserlöslicher Grundierung oder Plakatweiß bemalen. Jede Grundierung wird mit Wasser verdünnt, damit die Farbe beim Auftragen keine Ränder bildet und gut zerfließt. Die Grundierung ist notwendig, weil die Eierschale nicht so saugfähig ist wie Papier und die Filzstifte daher leicht verschmieren.
Beim Trocknen sollte man die Eier senkrecht aufstecken oder aufstellen, damit keine Tropfen entstehen. Ist die Grundierung zu dünnflüssig, nehmen manche Plastikeier die Farbe nicht gut an, dann muß man letztere mit weniger Wasser anrühren. Die Zeit, die zum Trocknen benötigt wird, ist abhängig von der Art der Grundierung, die Sie verwenden.
Erst wenn die Grundierung vollkommen trocken ist, können Sie mit dem Bemalen der Eier beginnen. Sie können die Motive direkt auf das Ei malen, lassen Sie dabei Ihre Phantasie spielen. Auf dem Vorlagenbogen finden Sie einige Beispiele. Unten sehen Sie einige Eier, die von kleinen Kindern bemalt wurden.

Achtung: Manche Filzstifte haben eine lange Trockenzeit, und die Farben könnten ineinanderfließen! Nehmen Sie deshalb ruhig den Fön zu Hilfe.

Achtung: Beim Lackieren müssen Sie darauf achten, daß Sie Produkte verwenden, die die Farben nicht verwischen. Testen Sie daher die Verträglichkeit von Filzstiften und Lack noch vor dem Bemalen der Eier.

Efeukranz mit Eiern

Abbildung Seite 17

Die Eier werden so gemacht: Zuerst male ich die großen und hellen Farbflächen aus, dann, wenn sie trocken sind, werden die restlichen Konturen, Punkte, Striche usw. ausgeführt.
Durch die Öffnungen der Eier einen dünnen Blumendraht durchstecken, dann an beiden Enden eine Holzperle aufziehen, diese mit starkem Klebstoff auf die Öffnungen des Eis kleben. Ist er trocken, die beiden Drahtenden ungefähr in der

Mitte der Längsseite des Eis ineinanderdrehen und dann am Kranz befestigen. Kaufen oder flechten Sie einen Kranz mit einem kleinen Durchmesser, dann benötigen Sie weniger Material.

Eier mit zarten Filzstiftornamenten

Für diese Eier benötigen Sie neue Filzstifte, die noch eine intakte Spitze haben, damit die feinen Ornamente gelingen.
Die Ausführung scheint im ersten Moment schwierig zu sein, aber die Technik ist ganz einfach. Es genügt, eine Einteilung zu machen, z.B. ein Oval, Kreise oben oder unten,... Das Oval finden Sie auf dem Vorlagenbogen. Sie übertragen es auf einen Karton, schneiden es aus, legen es einfach auf das Ei und zeichnen es mit einem Bleistift leicht nach (vgl. Seite 5).
Dann beginnen Sie mit einem einfachen Motiv, das Sie in regelmäßigen Abständen wiederholen. Die Motive können auch über das ganze Ei verteilt und beliebig wiederholt werden. Malen Sie auch hier zuerst die Grundflächen und, sobald diese getrocknet sind, die feinen Elemente: Pünktchen, Zweige, Blättchen und Blüten.
Zuletzt die Eier lackieren.
Zum Anbringen der Schleifen siehe Seite 44.

Eier im Ethno-Stil

Die Motive auf den Eiern im Ethno-Stil entstammen hauptsächlich den Skizzen und Photographien, die ich während meiner Reisen durch Papua-Neuguinea, Algerien, Mali, Mexiko, Guatemala und Indonesien gemacht habe. Man findet sie dort an Hauswänden, auf Stoffen, auf Masken und Skulpturen wieder. Dabei habe ich warme Naturtöne und Erdfarben verwendet, die die natürlichen Farben unterstreichen und betonen.
Wenn Ihnen die Motive zu kompliziert sind, können Sie sie fotokopieren und vergrößern und nur die einfachen Elemente mit freier Hand auf das Ei zeichnen. Eier mit einfachen Mustern liegen im Keramikteller auf Seite 23. Die gelingen auch Kindern schon recht gut.

Material:

- echte weiße, hellbraune oder gesprenkelte Eier nach Belieben
- kleine Vogeleier
- weicher Bleistift
- dicke und dünne Pinsel
- Plakatfarben: Weiß, Ocker, Zinnoberrot, Beige, Orange, Rotbraun, Dunkelbraun, Moosgrün, Oliv, Schwarz
- matter oder glänzender Sprühlack

Arbeitsanleitung:

Für diese Technik können Sie verschiedene Natureier – weiß, hellbraun, gesprenkelt – nach Belieben verwenden. Ich passe die Muster dem Eityp an. So belasse ich schöne weiße Eier möglichst natürlich und dekoriere sie mit Motiven in zwei Tönen. Nicht ganz weiße Eier bemale ich komplett. Auf hellbraunen Eiern habe ich oft nur mit Weiß und Braun gearbeitet; genauso auf den kleinen gesprenkelten Vogeleiern.
Die komplizierteren Motive können, wie auf Seite 5 beschrieben, übertragen werden; einfachere werden mit freier Hand gezeichnet. Zuerst immer die hellen Farbflächen ausmalen, dann die dunklen. Die Farben müssen nicht ganz deckend sein, es entsteht trotzdem ein schöner Effekt. Gut trocknen lassen, feuchte Farben verwischen! Erst dann können Sie auf die hellen Farben die dunkleren aufmalen, da trockene Plakatfarben nicht mehr löslich sind. Konturen mit einer dunkleren Farbe nachziehen, eventuell auch mit einem dunklen Filzstift.

Nun beschreibe ich einige Beispiele von Seite 21; die Muster befinden sich auf dem Vorlagenbogen.

Kleines bemaltes Vogelei

Falls Sie schöne gesprenkelte Eier finden, so können Sie diese mit ganz einfachen Motiven in weiß-braunen Farbtönen bemalen.

Ei mit Totem

Die gesamte Form des Totems in Weiß auf ein braunes Ei auftragen. Dann mit Orange, Rot, Rotbraun und zum Schluß mit Dunkelbraun dekorieren.

Ei mit Maske

Zuerst die Zeichnung auf das Ei übertragen und jede Farbe – vom Hellen ins Dunkle gehend, wie oben beschrieben – ausmalen.

Diese Eier muß man lackieren, wenn man Filzstifte verwendet.

Keramikteller mit Ethno-Motiven

Abbildung unten

Man nimmt einen tonfarbenen Keramikteller oder -gegenstand. Ist die Keramik grob, muß man sie mit feinem Sandpapier so lange abreiben, bis die Oberfläche glatt ist. Dann gelingen die feinen Motive von Seite 23, die auf dem Vorlagenbogen zu finden sind.
Sie werden mit freier Hand abgezeichnet. Alle Elemente können gleichmäßig am Rand angeordnet oder lose über den Teller verstreut werden. Zuerst alle weißen Symbole, dann die dunkelbraunen, und zum Schluß das Feindekor auftragen.
Bei den zweifarbigen Mustern zuerst die weiße Farbe gut trocknen lassen, dann erst die braune verwenden.

Holzteller mit Südsee-Figur

Abbildung Seite 21

Die Südsee-Figur vom Vorlagenbogen herauskopieren, entlang der Konturen sauber ausschneiden, auf den Holzteller legen und mit einem weichen Bleistift vollständig umfahren. Dann wichtige Formen, z.B. Kopf, Hals, Lendenschürze, wegschneiden, wieder präzise auf die Figur auflegen und die noch fehlenden Linien nachziehen. Bis zur Fertigstellung der Zeichnung fortfahren. Die Feinheiten kann man mit freier Hand zeichnen.

Eine andere Übertragungsmethode finden Sie auf Seite 5.
Die Bemalung erfolgt wie bei den Eiern im Ethno-Stil beschrieben (siehe Seite 22).

Goldene Eier mit Sternzeichen

Mit dieser relativ einfachen Technik können Sie nicht nur die zwölf Sternzeichen ausführen, sondern auch viele Motive vom Vorlagenbogen, oder Sie verwenden die Eier nur mit Sternen, Mond und Sonne.
Einige Eier im Nest können Sie einfach vergolden oder blau anmalen, denn das wirkt sehr vornehm. Allerdings dauert die Vorbereitung der Eier etwas länger, aber Ihre Geduld lohnt sich.

Material:

- weiße und braune echte Eier
- Eierbecher
- dünne Goldfolie
- Goldanlegeöl - Mixtion für Blattvergoldung
- blaue, goldene und weiße Lackfarben oder Plakatfarben
- dicke und dünne Pinsel
- Verdünnungsmittel für die Lackfarben

Es gibt teure und billige Goldfolien; über das Material können Sie sich im Fachgeschäft informieren.

Arbeitsanleitung:

Die echten Eier sollten sehr, sehr sauber sein. Für diese Technik benötigt man Eierbecher, weil zuerst eine Hälfte des Eies, dann die andere bearbeitet wird. Kein Holzstäbchen verwenden!
Nun auf die erste Hälfte mit einem Pinsel die Goldanlegeöl-Mixtion gleichmäßig dünn auftragen und die Trockenzeit, die auf dem Behälter angegeben ist, möglichst genau einhalten. Sie schwankt je nach Produkt zwischen 3-12 Stunden. Das Ei sollte noch ein bißchen klebrig sein, wenn Sie die Goldfolie Stück für Stück ganz vorsichtig auflegen und mit dem Handballen leicht anstreichen. Wiederum ein paar Stunden trocknen lassen. Goldfolienreste –- auch Überlappungen – lassen sich mit einem Wattebausch leicht entfernen.
Bearbeiten Sie die zweite Hälfte genauso. Es macht nichts, wenn auf der Folie Sprünge auftreten. Sollten Sie sie stören, nach ein paar Tagen noch eine Folie darübergeben.
Die Übertragung der Motive erfolgt nach Punkt 4, Seite 5. Verwenden Sie einen harten, gut gespitzten Bleistift, damit das Muster in die Folie geritzt wird.

Achtung: Auch die Farben trocknen auf Gold langsamer. Wenn Sie mit Lackfarben arbeiten, zuerst die weiße Farbe auftragen, gut trocknen lassen, dann die blaue. Eventuell Dekorationen mit goldener Farbe ergänzen. Einfacher ist es, wenn Sie Plakatfarben verwenden. Die Eier nicht lackieren, die Goldfolie könnte ruiniert werden.

Vergoldete Spanschachtel

Abbildung unten

Wollen Sie ein kleines Geschenk machen? Dann nehmen Sie eine kleine Spanschachtel, die Sie wie die Eier vergolden oder mit Goldfarbe bemalen. Sie können den Deckel mit einer bemalten Gipsfigur dekorieren, ihn aber auch bemalen. Das Ei hineinlegen.

Sternzeichen:

♑	Steinbock	22. 12.	bis	20.01.
♒	Wassermann	21.01.	bis	19.02.
♓	Fische	20.02.	bis	20.03.
♈	Widder	21.03.	bis	20.04.
♉	Stier	21.04.	bis	20.05.
♊	Zwillinge	21.05.	bis	21.06.
♋	Krebs	22.06	bis	22.07.
♌	Löwe	23.07.	bis	23.08.
♍	Jungfrau	24.08.	bis	23.09.
♎	Waage	24.09.	bis	23.10.
♏	Skorpion	24.10.	bis	22.11.
♐	Schütze	23.11.	bis	21.12.

Vornehme Glaseier

Besonders gut eignen sich zierliche und feine Motive zum Bemalen der Glaseier, zum Beispiel zarte Blumen- und Pflanzenmuster, geometrische Motive, Häuser,....
Sehr edel wirken Motive, die in Schwarz, Weiß, Gold und Grün gemalt sind, oder Muster, in denen sich ein Element regelmäßig und häufig wiederholt.

Material:

- Glaseier
- deckende Glasmalfarben in verschiedenen Farbtönen, auch Gold
- sehr dünne Pinsel
- Verdünnungsmittel für Lackfarben

Arbeitsanleitung:

Die wunderbaren, mundgeblasenen Glaseier sind relativ billig, aber nicht überall erhältlich. Sie können auch Plexiglaseier verwenden, die man in jedem Bastelgeschäft kaufen kann.
Die Eier vor dem Bemalen mit Alkohol oder Putzbenzin gut reinigen, um einen möglichen Fettfilm restlos zu entfernen.
Die Glasmalfarben sehr gut aufrühren; manchmal muß man sie auch verdünnen. Einen ganz dünnen Pinsel nehmen. Die Farben können Sie auf der Farbpalette nach Belieben vermischen, da es nur wenige Farbtöne gibt. Auf einem Ei sollten Sie jeweils nur wenige Farben verwenden.
Gut trocknen lassen, bevor Sie eine Farbe mit einer anderen übermalen. Zuerst z.B. die weiße Henne aufmalen, trocknen lassen, dann die Federn einzeichnen; kleine Pünktchen mit dem Pinselstumpf auftragen. Vor dem Aufhängen gut trocknen lassen.

Osterglocke aus Buchsbaumblättern

Abbildung Seite 29

Eine Skizze für die Glocke finden Sie auf dem Vorlagenbogen. Sie übertragen die Skizze am besten zuerst auf Transparentpapier (spiegelbildlich, da nur eine Hälfte vorgezeichnet ist) und dann auf eine 8 mm dicke Sperrholzplatte. Mit einer Laubsäge die Form sauber aussägen. Buchsbaumblätter, Preiselbeer- oder auch Blaubeerzweige mit einem grünen, dünnen Blumendraht um die Sperrholzvorlage winden. Am Aufhänger beginnen und im Kreis fortfahren; nicht die Richtung ändern!

Sie können beim Winden folgende Methode anwenden: Die Zweige dicht auf die Vorlage legen, damit das helle Sperrholz nicht durchscheint, dann mit dem Blumendraht ein- bis zweimal umwinden. Dabei so stark zuziehen, daß sich die Zweige nicht mehr herauslösen können.

Soll die Glocke ziemlich dick werden, am besten 3-4 Zweige bündeln und mit einem Bindfaden zusammenhalten. Die Bündel auflegen und mit Blumendraht genügend fest umwinden. Reihe für Reihe so fortfahren.

Die Glaseier werden an einem transparenten Dekorfaden befestigt und gut am Kranz festgemacht.

Zum Schluß eine schöne Schleife binden.

Plexiglasschachtel mit Meeresmotiven

Abbildung unten

Die ovale Plexiglasschachtel bemalen Sie mit einfachen Meeresmotiven, etwa mit Fischen, Korallen, Seepferdchen, Seesternen. Wenn Sie dazu Vorlagen brauchen, vergrößern Sie die Vorlagen für die Eier. Die Technik ist dieselbe wie bei den Glaseiern.

Eier im Bauernstil

Da ich auf dem Land aufgewachsen bin, sind dies die Elemente, mit denen ich meine ersten Eier bemalt habe. Die dabei verwendeten Motive sind äußerst vielfältig: ländliches Stilleben, Landschaften, Menschen, Tiere, Pflanzen, Früchte und Ornamente.
Für diese Eier eignen sich Plakatfarben sehr gut, denn man kann damit sowohl einfache als auch sehr zarte Motive ausführen.

Material:

- Holzeier, echte weiße und braune Eier
- weicher Bleistift
- Plakatfarben: alle Farbtöne
- dicke und dünne Pinsel
- matter oder glänzender Sprühlack

Arbeitsanleitung:

Sie können viele verschiedene Farbtöne verwenden. Je bunter, desto besser! Nehmen Sie Plakatfarben, denn einmal getrocknet, sind sie wischfest. Man kann ruhig mehrere Schichten auftragen und muß sie nicht lackieren. Auch auf Holz lassen sie sich gut verwenden (siehe Abbildung rechts). Sollte das Holz die Farben sehr aufsaugen, dann sollten Sie es mit einer weißen deckenden Wassergrundierung behandeln.

Himmel und See können so gemacht werden:
Die Farben Weiß, Hellblau und Dunkelblau auf einem Teller vorbereiten und so verdünnen, daß sie eine sahnige Konsistenz haben. Zuerst Weiß, dann Hellblau und zum Schluß Dunkelblau streifenförmig auftragen. Dann, vom Hellen ins Dunkle gehend, mit dem Pinsel so um das Ei kreisen, daß eine Schattierung entsteht. Eventuell den Pinsel auswaschen und das Ganze nochmals wiederholen; aber nie vom Dunklen ins Helle gehen.

Diese Technik können Sie auch bei Seen und Hügeln anwenden. Punkte werden mit dem Pinselstumpf aufgetragen.

Schachtel mit Ententeich

Abbildung Seite 33

Die kleine Ente auf 8 mm dickes Sperrholz übertragen und mit einer Laubsäge sauber aussägen.
Zuerst die Schachtel in dieser Reihenfolge bemalen: Teich, Wiese, dann die Kleinigkeiten, zum Schluß die Bordüre um den Teich und die Ente. Diese auf den Deckel kleben und von innen mit einer Schraube zusätzlich befestigen.

Holzente mit Eiern

Die Ente vom Vorlagenbogen kopieren, entlang der äußersten Konturlinie ausschneiden, auf eine 8 mm dicke Sperrholzplatte legen, mit Bleistift umranden. Dann Stück für Stück von der Vorlage wegschneiden, erneut präzise auf die Figur auflegen und die fehlenden Linien jeweils nachziehen.
Ist die Ente ganz auf die Sperrholzplatte gezeichnet, wird sie mit der Laubsäge sauber ausgesägt wie vorgegeben. Den Bauch von innen in beide Richtungen senkrecht durchbohren. Mit den Plakatfarben bemalen, aber nicht lackieren.

Auf einer Kordel in unregelmäßigen Abständen Holzkugel–Ei–Holzkugel– Ei anreihen, und sie jedesmal mit einem Knoten (unten und oben) stabilisieren. Die Kordel durch die Löcher im Entenbauch durchziehen, dazwischen ein Ei einfädeln. Zum Schluß noch einige Holzperlen auffädeln (siehe Seite 45).

Eier – kinderleicht zu basteln

Liebe Kinder, endlich ist der Frühling da und Ostern nicht mehr weit. Es ist höchste Zeit, daß Ihr mit dem Basteln der Osterüberraschungen beginnt!
Alle Eier sind aus Plastik, dekoriert mit Plakatfarben und verschiedenfarbigem Karton. Alle Figuren, die Ihr rechts seht, könnt Ihr als Tischschmuck verwenden, aber auch am fröhlichen Ostermobile befestigen. Viel Spaß beim Basteln der Ostergeschenke!

Material:

- kleine und große Plastikeier
- Plakatfarben: Grundfarben
- mehrere dicke und dünne Pinsel
- Filzstifte
- Klebstoff
- leichtes Tonpapier in verschiedenen Farben
- Bleistift
- Schere
- Bastelmesser (Cutter)
- runde Zahnstocher
- bunte Holzperlen
- bunte Wollreste
- Federchen, Blümchen

Arbeitsanleitung für die Eier auf Seite 37:

Alle genaueren Angaben findet Ihr auf dem Vorlagenbogen. Zuerst das Ei auf einem Holzstäbchen befestigen (siehe Seite 4) und die gewünschten Eier mit Plakatfarben in Hautfarbentönen anmalen, gut trocknen lassen und mit dem stumpfen Ende eines Pinsels die Augen mit weißer, sahniger (verdünnter) Plakatfarbe auftragen.
Mit Filzstiften Nase, Mund, Pupillen und Wimpern auftragen. Damit die Linien nicht verwischen, die Eier jetzt lackieren. Während der Lack trocknet, die verschiedenen Halskrausen, Hütchen und Stirnbändchen vorbereiten.

Die Haare des Indianers, des Mädchens und der Chinesin werden so gemacht:
Die Wolle um ein Stück Karton wickeln, auf einer Seite ein Stück Wolle durchziehen und fest zusammenbinden, dann auf der anderen Seite aufschneiden und auseinanderbiegen, so daß ein schöner Scheitel entsteht. Die Frisur auf das Ei kleben. Das Ei vom Holzstäbchen nehmen, mit einer dicken Nadel an einem langen Faden eine Holzperle einfädeln und einen Knopf machen; nun die Halskrause und das Ei auffädeln. Alles zusammenleimen, die Dekorationen aufsetzen.

Besonderheiten:
- Beim Zauberer nehmen wir statt der Haare weiße Federn.
- Der Clown bekommt eine Wattekugel als Nase. Für die Haare mit einem Bastelmesser zwei Löcher in das Plastikei bohren, etwas Klebstoff hineingeben, die Haare ankleben.
- Beim Zauberer, beim Clown und beim Indianer sind die Dekorationen auf dem Stirnband mit Filzstift gemalt.

Quadratische Schachtel

Abbildung Seite 37

Diese Schachtel einfach laut Skizze auf dem Vorlagenbogen zusammenfalten.

Fisch

Abbildung Seite 37

Die Schuppen insgesamt ca. 35 x auf Karton (hellrosa, violett, dunkelrosa) übertragen und ausschneiden. Etwas oberhalb der Eimitte einen 2 mm breiten Klebstoffkreis ziehen, Schuppen daraufkleben. Für die zweite und dritte Reihe die Schuppen in Klebstoff eintauchen und unter die erste bzw. zweite Reihe schieben.

Mobile mit bunten Schmetterlingen

Abbildung oben

Das in der Mitte durchbohrte Ei, den Kern der Sonnenblume, mit brauner Plakatfarbe anmalen, trocknen lassen, mit dem Pinselstumpf schwarze Pünktchen auftragen. Hell- und dottergelbe Blütenblätter ausschneiden. Jedes Blatt wie vorgegeben biegen, die erste Reihe aufkleben, dann die zweite (hellgelb) versetzt darunter.

Für die Schmetterlinge ein kleines Plastikei und ein Wattekügelchen zusammenkleben. Einen Zahnstocher in der Mitte abbrechen, auf das spitze Ende gelbe Holzkügelchen aufstecken, das stumpfe in das Kügelchen stecken, in das man zuvor mit einer Nadel ein Loch gebohrt hat. Den Körper auf einem Holzstäbchen befestigen, mit grüner und blauer Plakatfarbe anmalen, rote Holzperle als Nase ankleben, mit dem Pinselstumpf die Augen in Weiß auftupfen und den Mund rot nachzeichnen.

Clowngesicht

Abbildung Seite 36

Verwendet wird ein echtes Gänseei. Alle Gesichtselemente mit Plakatfarben und Pinsel auftragen. Die Dekorationen wie Seite 38 beschrieben anfertigen.

Marmorierte Eier

Die Technik des Marmorierens ist sehr einfach und daher auch für Kinder bestens geeignet. Die gesamte Vorbereitung erfordert aber sehr viel Zeit. Man sollte daher schon zwei Tage vorher damit beginnen.
Ich habe hier kleine und größere Eier aus Plastik verwendet, obwohl man natürlich auch Hühner- oder Enteneier nehmen kann. Plastikeier sind aber nicht zerbrechlich und daher vor allem für Kinderhände geeigneter, und sie können jahrelang immer wieder zur Dekoration verwendet werden.

Material:

- Plastikeier oder echte Eier
- Eimer
- Schneebesen
- Tapetenkleister – Metylan normal
- Stoffarben DEKA-PERMANENT
- Farbe Plaka weiß (Pelikan)
- mehrere Pinsel
- Bastelmesser (Cutter)
- runde Holzstäbchen
- größere Becher, z.B. große Joghurtbecher
- Zeitungspapier
- Sandpapier
- Sprühlack, matt oder glänzend

1

2

3

4

Arbeitsanleitung:

1. Zubereitung der Gelatine: Eine Pak
kung Tapetenkleister (Metylan norma
zu 125 g) muß in 10 l kaltes Wasse
eingerührt werden. So erhält man abe
eine große Menge überschüssiger Ge
latine. Es ist also vorteilhaft, nur 5
oder 3 l Wasser zu nehmen und die ent
sprechende Kleistermenge abzuwiegen
**Die Proportionen müssen aber genau
stimmen!** In einem Eimer wird der Tape
tenkleister nach und nach in das kalte
Wasser eingerührt. Eine Stunde lang al
le 10 Minuten umrühren, dann zudecken
und 24 Stunden stehen lassen. Die Ge
latine soll so dickflüssig sein wie Honig
und keine Klümpchen aufweisen.

2. Mit Sandpapier wird der Fugenranc
der Plastikeier geglättet. Dann schnei-
det man mit einem Bastelmesser ober
und unten ein Loch aus, das unten et-
was größer sein sollte. Jetzt wird ein
Holzstäbchen durchgesteckt, das am
oberen Ende ungefähr 0,5 cm vorstehen
soll. Das Stäbchen muß fest stecken,
damit das Ei beim Drehen in der Mar-
morierflüssigkeit nicht herunterfällt. Zur
Vorbereitung echter Eier siehe Seite 5.

3. Jedes Ei muß weiß grundiert wer-
den. Wir vermischen dazu die Farbe Pla-
ka weiß (Pelikan) mit etwas Wasser,
so daß sie die Konsistenz flüssiger Sah-
ne hat, und bemalen die Eier in Längs-
strichen von oben nach unten und von
unten nach oben. Der Anstrich muß
dann wenigstens eine Nacht lang trock-
nen und wird noch einmal wiederholt.
Nach ca. 12 Stunden können die Eier
marmoriert werden. Die Trockenzeit
kann man mit dem Fön etwas verkürzen.

4. Die Gelatine wird in ein 10-12 cm
hohes Gefäß (z.B. Joghurtbecher) ge-
gossen. Auftretende Luftblasen an der
Oberfläche können entfernt werden, in-
dem man ein Zeitungspapier auflegt
und es ganz langsam abzieht.

Die Stoffmalfarben vor Gebrauch gut schütteln und tupfenweise auf die Oberfläche auftragen. Der Pinsel soll nicht in die Gelatine eingetaucht, sondern die Farbtropfen damit nur leicht aufgesetzt werden. Stoffmalfarben sind unterschiedlich dickflüssig und ergeben daher stärkere und blassere Farben. Eingedickte Farben können durch Zufügen von etwas Wasser verflüssigt werden.

5. Die aufgetragenen Farbkleckse können einfach so belassen werden, oder man zieht mit einem Stäbchen verschiedene Muster. Wenn die Eier gleich nach dem Auftupfen der Farbe eingetaucht werden, bleiben die Farben blasser; läßt man alles 10-15 Min. ruhen, werden sie stärker. Wenn sich die Muster in dieser Zeit etwas auseinanderziehen, macht das nichts. Mein Rat: experimentieren Sie! Je häufiger die Gelatine verwendet, je öfter Farbe aufgetupft wird, desto schönere Überraschungen entstehen auf den Eiern.

6. Nun das Muster auf das Ei übertragen.

7. Dazu gibt es verschiedene Möglichkeiten (vgl. Skizzen auf dem Vorlagenbogen). Man kann das Ei einfach vollständig eintauchen, oder man führt es senkrecht ein und dreht es dabei gleichzeitig um die eigene Achse. Dasselbe kann man auch seitlich machen, oder man legt einfach die Vorder- und Rückseite des Eies auf die Gelatine. Dabei bleibt ein weißer Trennstreifen.

8. Die Gelatine muß unter fließendem kalten Wasser vollständig abgewaschen werden. Verwenden Sie einen sanften Wasserstrahl, und drehen Sie das Ei regelmäßig einige Minuten lang darunter. Erschrecken Sie nicht, wenn die Farben jetzt sehr blaß aussehen. Sie entfalten erst nach dem Trocknen farbliche Intensität und die volle Leuchtkraft, wenn sie lackiert sind.

5

6

7

8

Eier zum Aufhängen

Dekorieren der marmorierten Eier

Material:

- bunte Bänder und Borten in verschiedener Breite
- bunte Stoffblumen
- Holz- und Glasperlen
- Nähzwirn in verschiedenen Farben
- Nähnadel
- große Stoffnadel, kleine Häkelnadel
- Schere
- Bastelmesser (Cutter)
- schnell trocknender Klebstoff
- Holzstäbchen

Mit einem auf das jeweilige Ei farblich abgestimmten Band binde ich eine 1-2 cm breite Schleife und nähe diese in der Mitte zusammen. Ohne den Faden durchzutrennen, ziehe ich eine Reihe Perlen auf und ziehe den Faden ab der vorletzten Perle innen wieder hoch, fertige eine zweite Perlenschnur genauso an und vernähe beide fest an der Schleife. Jetzt verknote ich an der

Schleife ein doppeltes, ca. 30 cm langes schmales Band, und ziehe beide Enden mit einer langen Stopfnadel durch das Ei, nachdem ich die Eieröffnungen mit dem Bastelmesser etwas vergrößert habe. Mit der dünnen Häkelnadel ziehe ich die Bänder noch durch eine farbige Holzperle, die den Abschluß bildet. Schleife und Perle fixiere ich zusätzlich mit etwas Klebstoff.
Das bearbeitete Mittelstück der Schleife verdecke ich mit einer kleinen Stoffblume oder einigen Stoffblättern.

Eier auf Stäbchen

Ist das zum Wenden in der Marmorierflüssigkeit eingeführte Stäbchen sauber geblieben, muß kein neues verwendet werden. Auf dem hervorstehenden kurzen Ende wird mit Klebstoff eine Holzkugel befestigt. Die vernähte Dekoration (siehe Eier zum Aufhängen) wird zum Schluß mit schnell trocknendem Klebstoff auf dem Stäbchen befestigt.

Grußkarten

Abbildung Seite 47

Grußkarten sind in verschiedenen Formaten und mit unterschiedlichem Passepartout auf dem Deckblatt im Handel erhältlich. Marmorierte Stoff- oder Seidenreste oder eigens angefertigte Teile werden zuerst mit Sprühkleber faltenlos auf Papier und dann hinter die offene Form geklebt. Ist die Grußkarte dreilagig, kann die Innenseite sauber darübergeklebt werden. Fehlt die Innenseite, genügt auch ein weißes, etwas festes Papier.
Bei zusätzlich angebrachten Dekorationen, wie den weißen Verzierungen auf dem Osterei oder dem Hasen im Gras, werden diese zuerst mit einem Bastelmesser ausgeschnitten (siehe Vorlagenbogen), auf das Seidenstück geklebt und dann auf der Hinterseite des Deckblattes befestigt.

Marmorieren auf Seide und Baumwolle

Arbeitsanleitung:

1. Die Herstellung der Gelatine erfolgt genauso wie in der Arbeitsanleitung Seite 42 beschrieben. Achten Sie darauf, daß der Behälter jetzt mindestens die Größe des Stoffes hat. Eine Plastikwanne eignet sich gut dazu. Für größere Arbeitsstücke kann man auch eine Schublade mit Folie ausschlagen.
Die eingefüllte Gelatine soll auf jeden Fall 3 cm hoch stehen. Die Farben werden dann wie bei den Eiern auf die Oberfläche getupft.

2. Die aufgesetzten Farbtropfen können mit einem Holzstäbchen oder einer Stricknadel zu verschiedenen Mustern gezogen werden. Einige Möglichkeiten sind: Farben einfach ineinanderziehen, eine Spirale vom Zentrum ausgehend oder mehrere kleine Spiralen nebeneinander formen, im Zickzack durchfahren oder die Farbkleckse einfach so belassen, wie sie sind.

3. Auf das Muster wird der Stoff, von einem Ende ausgehend, in einem einzigen Arbeitsvorgang aufgelegt. Achten Sie darauf, daß die gesamte Stofffläche mit der Farbe in Berührung kommt.
Für diese Technik eignen sich Seide und Baumwollstoffe. Je fester der Stoff, desto kräftiger die Farben. Für meine Arbeiten habe ich Seide der Qualität Pongé 0,8 verwendet; auf Pongé 0,5 werden die Farben viel blasser.

4. Der Stoff kann gleich wieder heraus-
genommen werden. Dabei rinnt natür-
lich Gelatine ab. Dies hat auf die Fär-
bung aber keinen Einfluß mehr. Unter
fließendem kalten Wasser wird der
Stoff gut ausgewaschen. Mit der Brause
geht es am einfachsten. Haftende Ge-
latine kann mit Vorsicht abgerieben
werden. Zum Trocknen wird der Stoff auf
Folie ausgebreitet. Bleibt er etwas
hart, ist noch Kleister da, und er muß
noch einmal gewaschen werden. Die
trockene Arbeit wird durch Bügeln fi-
xiert. Die Gelatine kann mehrfach ver-
wendet werden, aber verbliebene Farb-
reste müssen mit einem saugfähigen
Papier vorher von der Oberfläche ent-
fernt werden.

Fertigstellung einer Spanschachtel

Den Deckel auf ein Stück festen Karton legen, umzeichnen und die Form ausschneiden. Das Pappstück polstert man dann mit Vlies oder Watte aus. Am einfachsten klebt man die Polsterung mit Sprühkleber auf und überzieht sie mit der eingefärbten Seide. Diese sollte rundherum 2 cm größer sein als die Pappe. Auf der Unterseite etwa 5 mm vom Kartonrand entfernt einen Kreis aus Klebstoff ziehen, die überhängende Seide einschlagen, andrücken und die Ränder glattstreichen.

Das fertige Stück wird nun an den Schachteldeckel geklebt, gut angedrückt und nach Belieben mit bunten Bändern, Zierborten oder Schleifen dekoriert.

Pia Pedevilla mit ihrer kleinen Freundin Marta beim Malen

Pia Pedevilla lebt in Bruneck in Südtirol (Italien).

Sie studierte Kunst in Gröden und Werbegraphik in Urbino. Seit Jahren ist sie im Bereich der Illustration tätig, entwirft und realisiert Holz- und Stoffspielzeug.

Mit verschiedenen Techniken der Seidenmalerei und Stoffmalerei hat sie sich intensiv beschäftigt. Seit 10 Jahren leitet sie Kurse für interessierte Erwachsene und Fortbildungskurse für Lehrer.

Weitere Bücher von Pia Pedevilla im frechverlag:

TOPP 1975

TOPP 1824

TOPP 1948